Otto Margeschke

Tante Marthas
zehnjähriges
Eierbuch

Na naszą korzyść - Nikomu nie szkodząc
Uns zum Nutzen – Niemandem zum Schaden

Die Deutsche Nationalbibliothek verzeichnet diese Publikation in der Deutschen Nationalbibliografie. Detaillierte bibliografische Daten sind über www.dnb.de
abrufbar.

© 2018 Klaus Kliem

Titelfoto: © Robert Höck

Erste Auflage

Herstellung und Verlag BoD Books on Demand, Norderstedt

Palatino Linotype

ISBN 9783752812879

Das Hühnerei

Der Mensch es mit Genuss verzehrt,
an jedem Morgen sehr begehrt,
der Eine liebt es weich und fein,
der Andre mag es hart wie Stein.

Ein Dritter brät es in der Pfanne,
auf kleiner oder großer Flamme.
Der Vierte, der es kräftig liebt,
hinzu noch Speck und Zwiebeln gibt.

Der Fünfte, der das wohl schon kannte,
es in den Schnaps rührt, den er brannte.
Man muss auch seine Schale knacken
will man einen Kuchen backen.

So wird es auch gefärbt und bunt
versteckt oft in des Gartens Rasen
als wär es was vom Osterhasen.
Man sieht es führt kein Weg vorbei
am täglich frischen Hühnerei.

Das reicht der Nachbar, grün, weiß und braun
Der Hausfrau übern Gartenzaun.
Die kennt den Preis und auch die Güte:
gibt sie Zwei Fünfzig, sind zehn in der Tüte.

	Januar	Februar	März	April	Mai	Juni
1						
2						
3						
4						
5						
6						
7						
8						
9						
10						
11						
12						
13						
14						
15						
16						
17						
18						
19						
20						
21						
22						
23						
24						
25						
26						
27						
28						
29						
30						
31						

Insgesamt:

	Juli	August	September	Oktober	November	Dezember
1						
2						
3						
4						
5						
6						
7						
8						
9						
10						
11						
12						
13						
14						
15						
16						
17						
18						
19						
20						
21						
22						
23						
24						
25						
26						
27						
28						
29						
30						
31						

Insgesamt:

	Januar	Februar	März	April	Mai	Juni
1						
2						
3						
4						
5						
6						
7						
8						
9						
10						
11						
12						
13						
14						
15						
16						
17						
18						
19						
20						
21						
22						
23						
24						
25						
26						
27						
28						
29						
30						
31						

Insgesamt:

	Juli	August	September	Oktober	November	Dezember
1						
2						
3						
4						
5						
6						
7						
8						
9						
10						
11						
12						
13						
14						
15						
16						
17						
18						
19						
20						
21						
22						
23						
24						
25						
26						
27						
28						
29						
30						
31						

Insgesamt:

	Januar	Februar	März	April	Mai	Juni
1						
2						
3						
4						
5						
6						
7						
8						
9						
10						
11						
12						
13						
14						
15						
16						
17						
18						
19						
20						
21						
22						
23						
24						
25						
26						
27						
28						
29						
30						
31						

Insgesamt:

	Juli	August	September	Oktober	November	Dezember
1						
2						
3						
4						
5						
6						
7						
8						
9						
10						
11						
12						
13						
14						
15						
16						
17						
18						
19						
20						
21						
22						
23						
24						
25						
26						
27						
28						
29						
30						
31						

Insgesamt:

	Januar	Februar	März	April	Mai	Juni
1						
2						
3						
4						
5						
6						
7						
8						
9						
10						
11						
12						
13						
14						
15						
16						
17						
18						
19						
20						
21						
22						
23						
24						
25						
26						
27						
28						
29						
30						
31						

Insgesamt:

	Juli	August	September	Oktober	November	Dezember
1						
2						
3						
4						
5						
6						
7						
8						
9						
10						
11						
12						
13						
14						
15						
16						
17						
18						
19						
20						
21						
22						
23						
24						
25						
26						
27						
28						
29						
30						
31						

Insgesamt:

	Januar	Februar	März	April	Mai	Juni
1						
2						
3						
4						
5						
6						
7						
8						
9						
10						
11						
12						
13						
14						
15						
16						
17						
18						
19						
20						
21						
22						
23						
24						
25						
26						
27						
28						
29						
30						
31						

Insgesamt:

	Juli	August	September	Oktober	November	Dezember
1						
2						
3						
4						
5						
6						
7						
8						
9						
10						
11						
12						
13						
14						
15						
16						
17						
18						
19						
20						
21						
22						
23						
24						
25						
26						
27						
28						
29						
30						
31						

Insgesamt:

	Januar	Februar	März	April	Mai	Juni
1						
2						
3						
4						
5						
6						
7						
8						
9						
10						
11						
12						
13						
14						
15						
16						
17						
18						
19						
20						
21						
22						
23						
24						
25						
26						
27						
28						
29						
30						
31						

Insgesamt:

	Juli	August	September	Oktober	November	Dezember
1						
2						
3						
4						
5						
6						
7						
8						
9						
10						
11						
12						
13						
14						
15						
16						
17						
18						
19						
20						
21						
22						
23						
24						
25						
26						
27						
28						
29						
30						
31						

Insgesamt:

	Januar	Februar	März	April	Mai	Juni
1						
2						
3						
4						
5						
6						
7						
8						
9						
10						
11						
12						
13						
14						
15						
16						
17						
18						
19						
20						
21						
22						
23						
24						
25						
26						
27						
28						
29						
30						
31						

Insgesamt:

	Juli	August	September	Oktober	November	Dezember
1						
2						
3						
4						
5						
6						
7						
8						
9						
10						
11						
12						
13						
14						
15						
16						
17						
18						
19						
20						
21						
22						
23						
24						
25						
26						
27						
28						
29						
30						
31						

Insgesamt:

	Januar	Februar	März	April	Mai	Juni
1						
2						
3						
4						
5						
6						
7						
8						
9						
10						
11						
12						
13						
14						
15						
16						
17						
18						
19						
20						
21						
22						
23						
24						
25						
26						
27						
28						
29						
30						
31						

Insgesamt:

	Juli	August	September	Oktober	November	Dezember
1						
2						
3						
4						
5						
6						
7						
8						
9						
10						
11						
12						
13						
14						
15						
16						
17						
18						
19						
20						
21						
22						
23						
24						
25						
26						
27						
28						
29						
30						
31						

Insgesamt:

	Januar	Februar	März	April	Mai	Juni
1						
2						
3						
4						
5						
6						
7						
8						
9						
10						
11						
12						
13						
14						
15						
16						
17						
18						
19						
20						
21						
22						
23						
24						
25						
26						
27						
28						
29						
30						
31						

Insgesamt:

	Juli	August	September	Oktober	November	Dezember
1						
2						
3						
4						
5						
6						
7						
8						
9						
10						
11						
12						
13						
14						
15						
16						
17						
18						
19						
20						
21						
22						
23						
24						
25						
26						
27						
28						
29						
30						
31						

Insgesamt:

	Januar	Februar	März	April	Mai	Juni
1						
2						
3						
4						
5						
6						
7						
8						
9						
10						
11						
12						
13						
14						
15						
16						
17						
18						
19						
20						
21						
22						
23						
24						
25						
26						
27						
28						
29						
30						
31						

Insgesamt:

	Juli	August	September	Oktober	November	Dezember
1						
2						
3						
4						
5						
6						
7						
8						
9						
10						
11						
12						
13						
14						
15						
16						
17						
18						
19						
20						
21						
22						
23						
24						
25						
26						
27						
28						
29						
30						
31						

Insgesamt:

Notizen:

www.ingramcontent.com/pod-product-compliance
Lightning Source LLC
Chambersburg PA
CBHW030516220526
45464CB00006B/2827